Ifeyinwa Nsude
Chukwuma Emeokoro

# Minerais sólidos e desenvolvimento económico na era digital

Ifeyinwa Nsude
Chukwuma Emeokoro

# Minerais sólidos e desenvolvimento económico na era digital

**Imprint**
Any brand names and product names mentioned in this book are subject to trademark, brand or patent protection and are trademarks or registered trademarks of their respective holders. The use of brand names, product names, common names, trade names, product descriptions etc. even without a particular marking in this work is in no way to be construed to mean that such names may be regarded as unrestricted in respect of trademark and brand protection legislation and could thus be used by anyone.

Cover image: www.ingimage.com

This book is a translation from the original published under ISBN 978-620-2-00334-6.

Publisher:
Sciencia Scripts
is a trademark of
Dodo Books Indian Ocean Ltd. and OmniScriptum S.R.L publishing group

120 High Road, East Finchley, London, N2 9ED, United Kingdom
Str. Armeneasca 28/1, office 1, Chisinau MD-2012, Republic of Moldova, Europe
Printed at: see last page
**ISBN: 978-620-7-70995-3**

# Índice:

# MINERAIS SÓLIDOS E DESENVOLVIMENTO ECONÓMICO NA ERA DIGITAL


Por

Nsude Ifeyinwa (Ph.D)

Diretor, Departamento de Comunicação de Massa,

Faculdade de Ciências Sociais e Humanas

Universidade Estatal de Ebonyi,

Abakaliki, Nigéria

ifeyinwa

nsude@gmail.com +2347032861913


e


Emeokoro C. Lazarus

Ministério dos Minerais Sólidos,

Estado de Ebonyi,

Nigéria

+2348030723228

# Capítulo 1

INTRODUÇÃO

1 .0 Preâmbulo

A Nigéria é ricamente dotada de uma variedade de minerais sólidos que vão desde metais preciosos, várias pedras a minerais industriais como a barita, o gesso, o caulino e o mármore. A maior parte destes minerais ainda não foi explorada. Estatisticamente, o nível de exploração destes minerais é muito baixo em relação à extensão dos depósitos existentes no país. Um dos objectivos da nova política nacional em matéria de minerais sólidos é assegurar o desenvolvimento ordenado dos recursos minerais do país.

Um mineral pode ser definido como qualquer substância de origem inorgânica que possui certas propriedades físicas e uma composição química definida que pode ser utilizada tanto para aplicações domésticas como industriais. Os minerais ocorrem geralmente na terra ou sobre a terra e são normalmente formados através de processos geológicos como: atividade ígnea, sedimentação, metamorfose ou solução hidrotermal. Estes minerais podem apresentar-se sob a forma sólida, líquida ou gasosa. Neste contexto, a atenção centra-se nos minerais sólidos, que são minerais cuja estrutura atómica é geralmente mantida unida por uma forte ligação iónica. Os minerais sólidos ou matérias-primas minerais podem ser classificados em cinco (5) grupos principais classificados pela Economy Watch (2010). Eles incluem:

i. Ferro e ligas metálicas ferrosas

ii. Metais não ferrosos

iii. Metal precioso

iv. Minerais industriais

v. combustíveis minerais

A lista destes tipos de minerais é apresentada a seguir:

Os metais de ferro e ferro-liga incluem:

i. Manganês, ferro, vanádio, tungsténio, cobalto, crómio, níquel, molibdénio, titânio, tântalo, nióbio.

ii. Metais não ferrosos: exemplos de metais não ferrosos são: estanho, zinco, alumínio, bauxite, arsénio, antimónio, telúrio, selénio, minerais de terras raras (M.E.R.) cádmio, bismuto, cobre, gálio, germânio, chumbo, lítio, mercúrio, rénio.

iii. Metal precioso: O grupo dos metais preciosos inclui: ouro, prata, metais do grupo da platina. Os metais do grupo da platina incluem: Paládio, Ródio e Platina.

iv. Minerais industriais. Este grupo é geralmente muito útil nas indústrias e inclui os seguintes: Bentonite, baryte, amianto zincon, vermiculite, minerais de boro, diamante (este é usado como mineral de gema e industrial) feldspato, diatomite, gesso, grafite, espatoflúor, argila da China (também chamada caulino) Magnetite Perlite, potassa, fosfatos (incluindo guano, potassa, enxofre salgado, falc (que inclui esteatite e profilite.

v. Combustíveis minerais: Inclui: petróleo bruto, urânio, areias petrolíferas, xisto betuminoso, carvão vapor (que inclui antracite e carvão sub-betuminoso), carvão de cozedura, lenhite e gás natural.

## 1.2 Termos básicos

### 1.2.1 Recurso:

Uma concentração de sólidos que ocorrem naturalmente na crosta terrestre, numa forma em que a extração económica da mercadoria é viável agora ou no futuro.

### 1.2.2 Recurso identificado:

Um recurso cuja localização, grau, qualidade e quantidade são conhecidos ou podem ser estimados a partir de evidências geológicas específicas. Os recursos identificados incluem recursos económicos, marginalmente económicos e subeconómicos.

Recursos por descobrir:

Isto significa corpos não descobertos de material mineral cuja evidência é suposta a partir de conhecimentos e teorias alargados (regionais).

### 1.2.3 Reserva:

É a parte de um recurso não identificado a partir da qual um bem mineral ou energético utilizável pode ser economicamente extraído no momento da consideração; ou refere-se a reservas de alguns bens minerais, particularmente metálicos.

1.2.4  Reservas medidas:

São materiais cuja qualidade e quantidade foram determinadas com uma margem de erro de 20%, através de dados quantitativos.

Reservas Indicadas: são medidas cuja qualidade e quantidade foram estimadas em parte a partir de análises e medições e em parte a partir de inferências geológicas mensuráveis (espaçamento entre furos de 500m e 1000m).

1.2.5  Demonstrado: é um termo coletivo para a soma dos materiais nas reservas medidas e indicadas.

1.2.6  Reservas Inferidas: são materiais em depósitos identificados mas não explorados, cuja qualidade e quantidade foram estimadas a partir de projecções geológicas.

RECURSOS IDENTIFICADOS RECURSOS NÃO DESCOBERTOS

⭡ Grau
crescente de
exequibilidade

.

→ Aumento
do grau de
segurança
geológica

| Produção acumulada | DEMONSTRADO | Inferido | Intervalo de probabilidade |
|---|---|---|---|
| | Medido          Indicado | | Hipotético ou especulativo |
| Económico | Reservas | Reservas inferidas | |
| Marginalmente económico | Reservas marginais | Inferido<br>Reservas marginais | |
| Sub-económico | Reservas subeconómicas demonstradas | Reservas subeconómicas inferidas | |

CLASSIFICAÇÃO DOS RECURSOS MINERAIS (DO GABINETE DE MINAS E DO SERVIÇO GEOLÓGICO DOS ESTADOS UNIDOS, 1980, P.5)

1.3    Distribuição dos locais de depósitos de minerais sólidos no mundo

Os dados sobre as jazidas minerais não desenvolvidas no mundo podem não estar facilmente disponíveis. No entanto, para tentar estabelecer a informação sobre os depósitos minerais no mundo, as estatísticas de produção dos vários minerais em diferentes partes do mundo serão um índice útil.

Por conseguinte, as informações seguintes, baseadas no relatório das Nações Unidas (UNR) sobre a produção de minerais para o ano de 2009 a 2013, podem ser utilizadas para estabelecer os depósitos minerais no mundo. A classificação basear-se-á nos tipos de minerais.

### 1.3.1   Ferro e metais de liga de ferro.

i.    Ferro: Albânia, Argélia, Argentina, Austrália, Áustria, Azerbaijão, Butão, Bósnia-Herzegovina, Brasil, Canadá, Chile, China, Colômbia, Egipto, Alemanha.

ii.   Crómio (Cr203 - teor): Afeganistão, Albânia, Austrália, Brasil, China, Finlândia, Grécia, Índia, Irão, Cazaquistão, Madagáscar, Myanmar, Omã, Paquistão, etc.

iii.  Cobalto: Austrália, Botsuana, Brasil, Canadá, China, República Democrática do Congo, Cuba, Finlândia, Indonésia, Madagáscar, Marrocos, Nova Caledónia, Papua-Nova Guiné, Filipinas, Rússia (Ásia), Rússia (Europa), etc.

iv.   Manganês: Austrália, Bósnia-Herzegovina, Brasil, Bulgária, Burkina-Faso, Chile, China, Costa do Marfim, Egipto, Gabão, Geórgia, Gana, Hungria, etc.

v.    Molibdénio: Argentina, Arménia, Canadá, Chile, China, Irão, Cazaquistão, Coreia do Sul, México, Mongólia, Peru, Rússia, Turquia, EUA, etc.

vi.   Níquel: Albânia, Austrália, Botsuana, Brasil, Canadá, China, Colômbia, Cuba, República Dominicana, Finlândia, Grécia, Guatemala, Indonésia, Kosovo, Macedónia, etc.

vii.  Nióbio (teor de Wb2 08): Brasil, Burundi, Canadá, R. D. do Congo, Etiópia, Moçambique, Nigéria, Rússia, Ruanda, Samaria.

viii. Tantaluan (conteúdo Ta2 O5): Austrália, Bolívia, Brasil, Burundi, Canadá, R. D. do Congo, Etiópia, Malásia, Moçambique, Nigéria, Ruanda, Somália, etc.

ix.   Titânio (teor de Ti 02): Austrália, Brasil, Canadá, China, Egipto, Índia, Cazaquistão, Coreia do Sul, Madagáscar, Malásia, etc.

x. Tungsténio (conteúdo W.): Austrália, Áustria, Bolívia, Brasil, Burundi, Canadá, China, República Democrática do Congo, Cazaquistão, Coreia do Norte, Coreia do Sul, Quirguizistão, Mongólia, Myanmar, Peru, Portugal, etc.

xi. Vanádio (teor de V2 05-): Austrália, China, Cazaquistão, Rússia, África do Sul, Estados Unidos.

### 1.3.2 Metais não ferrosos

i. Alumínio: Argentina, Austrália, Azerbaijão, Barém, Bósnia-Herzegovina, Brasil, Cameron, Canadá, China, Egipto, França,

Alemanha, Gana, Grécia, Islândia, Índia, Indonésia, Irão, Itália, Japão, etc.

ii. Antimónio: Austrália, Bolívia, Canadá, China, Guatemala, Irão, Cazaquistão, Quirguizistão, Laos, México, Marrocos, Myanmar, Paquistão, Peru, etc.

iii. Arsénio: Bélgica, Bolívia, Chile, China, Irão, Japão, Marrocos, Namíbia, Peru, Filipinas, etc.

iv. Bauxite: Austrália, Bosina-Herzegorina, Brasil, China, Croácia, República Dominicana, Fiji, França, Gana, Grécia, Guiné, Guiana, Hungria, Índia, Indonésia, Irão, Jamaica, Cazaquistão, Malásia, México, Montenegro, etc.

v. Bismuto: Arménia, Bolívia, Canadá, China, Japão, México, Peru, Rússia, Uzbequistão, etc.

vi. Cádmio: Argentina, Arménia, Austrália, Brasil, Bulgária, Canadá, China, Japão, etc

vii. Cobre: Albânia, Argentina, Arménia, Austrália, Azerbaijão, Bolívia, Botsuana, Brasil, Bulgária, Canadá, Chile, China, Colômbia, República Democrática do Congo, Chipre, República Dominicana, Eritreia, etc.

viii. Gálio: China, Hungria, Japão, Cazaquistão, Rússia, Ucrânia.

ix. Germânio: China, Finlândia, Japão, Rússia, Ucrânia, EUA, etc.

x. Chumbo: Argentina, Austrália, Bolívia, Bósnia-Herzegovina, Brasil, Bulgária, Burkina-Faso, Canadá, Chile, China, Grécia, Guatemala, Honduras, etc.

xi. Lítio (teor de Li 02): Argentina, Austrália, Brasil, Canadá, Chile, China, Portugal, Espanha, EUA, Zimbabué, etc.

xii. Mercúrio: Argentina, Chile, China, Finlândia, Irão, Quirguizistão, México, Marrocos, Rússia, Uzbequistão, EUA.

xiii. Concentrados de terras raras (teor de REO): Austrália, Brasil, China, Índia, Malásia, Rússia, EUA.

xiv. Rénio: Arménia, Canadá, Chile, China, Rússia, EUA, Uzbequistão.

xv. Selénio: Arménia, Bélgica, Canadá, Chile, China, Finlândia, Alemanha, Índia, Japão, Cazaquistão, México, Peru, Filipinas, Polónia, etc.

xvi. Telúrio: Canadá, Japão, Peru, Rússia, Suécia, EUA, etc,

xvii. Estanho: Austrália, Bolívia, Brasil, Burundi, China, República Democrática do Congo, Egipto, Indonésia, Laos, Malásia.

xviii. Zinco: Argentina, Austrália, Bolívia, Bósnia-Herzegovina, Brasil, Bulgária, Burkina-Faso, Canadá, Chile, China, etc.

## 1.3.3 Metais perigosos

i. Ouro: Argélia, Argentina, Arménia, Austrália, Azerbaijão, Benim, Bolívia, Botsuana, Brasil, Bulgária, Burkina Faso, Burundi, etc.

ii. Paládio: Austrália, Botsuana, Finlândia, Sérvia, Belize, EUA, Zimbabué, etc.

iii. Platina: Austrália Botsuana, Colômbia Etiópia, Finlândia, Polónia, etc.

iv. Ródio: Canadá, Rússia, África do Sul, EUA, Zimbabué, etc.

v. Prata: Argélia, Argentina, Arménia, Austrália, Azerbaijão, Bolívia, Botsuana, Brasil, Bulgária, Chile, Colômbia, República Democrática do Congo, Costa do Marfim, etc.

## 1.3.4 Minerais industriais

i. Amianto: Brasil, Canadá, China, Líbia, Cazaquistão, Rússia, Zimbabué, etc.

ii. Baryte: Afeganistão, Argélia, Argentina, Arménia, Arménio, Austrália, Bolívia, Bósnia-Herzegovina, Brasil, Canadá, China, Colômbia, Egipto, Alemanha, etc.

iii. Bentonite: Argélia, Argentina, Arménia, Austrália, Azerbaijão, Bolívia, etc.

iv. Boro: Argentina, Bolívia, Chile, China, Irão, Cazaquistão, Peru, Turquia, E.U.A., etc.

v. Diamantes: (industriais) Angola, Austrália, Botsuana, Brasil, Camarões, República Centro-Africana,

República do Congo, República do Congo, Costa do Marfim, Gana, Guiana, Índia, Lesoto, Libéria, Zâmbia, etc.

vi.    Diatomita: Argélia, Argentina, Arménia, Austrália, Brasil, Chile,

China, Costa Rica, (República Checa, Dinamarca, Etiópia, França, Irão, Quénia, Coreia do Sul, México, Peru, etc.)

vii.    Feldspato: Argélia, Argentina, Austrália, Áustria, Chile, China, Colômbia, Cuba, República Checa, Equador, Egipto, Finlândia, França, etc.

viii. Espatoflúor: Afeganistão, Argentina, Brasil, Bulgária, China, Egipto, Alemanha, Índia, Irão, Itália, Quénia, etc.

ix.    Grafite: Áustria, Brasil, Canadá, China, Alemanha, Índia, Irão, Coreia, Madagáscar, México, Noruega, Roménia, etc.

x.    CIPSUM E ANHYDRITE: Afeganistão, Albânia, Argélia, Angola, Argentina, Arménia, Austrália, Áustria, Azerbaijão, Butão, Bolívia, etc.

xi.    Caulino: Argentina, Austrália, Áustria, Bósnia-Herzegovina, Brasil, Bulgária, Chile, China, Colômbia, etc

xii.    Magnetite: Austrália, Áustria, Bósnia-Herzegovina, Brasil, Canadá, China, Colômbia, Grécia, Guatemala, Índia, Irão, Coreia, México, etc

xiii. Perlite: Argentina, Arménia, Austrália, Chile, Grécia, Hungria, Irão, Japão, México, Nova Zelândia, etc.

xiv.    Fosfatos: Algona, Austrália, Brasil, Burkina-Faso, Chile, China, Colômbia, Egipto, Finlândia, Índia, Indonésia, Irão, Iraque, Israel, Jordânia, etc.

xv.    Potássio: Bielorrússia, Brasil, Canadá, Chile, China, Alemanha, Israel, Jordânia, Rússia, Espanha, etc.

xvi.    Sal: Afeganistão, Albânia, Argélia, Angola, Argentina, Arménia, Austrália, Áustria, etc.

xvii. Enxofre: Albânia, Argélia, Arménia, Austrália, Áustria, Barém, Brasil, Bulgária, Canadá, Chile, etc.

xviii.    Talco: Argentina, Austrália, Áustria, Butão, Brasil, Canadá, Chile,

China, Egipto, Finlândia, França, Grécia, etc.

xix.    Vermiculite: Argentina, Austrália, Brasil, China, Egipto, Índia, Irão, Japão, Quénia, Rússia, África do Sul, Turquia, Uganda, etc.

xx.    Zircónio: Austrália, Brasil, China, Índia, Indonésia, Madagáscar, Malásia, Moçambique, etc.

### 1.3.5   Combustíveis minerais

i.    Carvão a vapor: Afeganistão, Argentina, Austrália, Bangladesh, Butão, Botsuana, etc.

ii.   Carvão para cozinhar: Austrália, Canadá, China, Colômbia, República Checa, Alemanha, Índia, Irão, etc.

iii.  Lignite: Albânia, Austrália, Bósnia-Herzegovina, Brasil, Bulgária, Canadá, República Checa, Alemanha, Grécia, Hungria, Índia, etc.

iv.   Nazunm Cms: Afeganistão, Albânia, Argélia, Angola, Argentina, Angola, Argentina, Áustria, Azerbaijão, Barém, etc.

v.    Xisto betuminoso: Áustria, Estónia, França, Alemanha, Israel, Rússia, etc.

vi.   Petróleo: Albânia, Argélia, Argentina, Austrália, Áustria, Azerbaijão, Barém, Bangladesh, Barbados, etc.

vii.  Areias petrolíferas: Canadá, Venezuela,

### 1.3.6   Urânio (U3 08): Austrália, Brasil, Canadá, China, República Checa, França, Alemanha, Índia, Cazaquistão, Malawi, etc.

### 1.3.7   Lista de importantes recursos minerais e principais países produtores do mundo.

Fonte: Dados da World Mining (2015)

| S/N | Mineral Nome | Utilizações | Recursos Mundiais Principais produtos | Países |
|---|---|---|---|---|
| 1 | Bauxite | Minério de alumínio | 2,5690002 | Austrália, Jamaica, Brasil |
| 2 | Crómio | alias, Galvanoplastia | 418,900 | Índia, África, Turquia |

| 3 | Cobre | Liga, fios eléctricos | 321,000 | Chile, EUA, Canadá |
| 4 | Ouro | Jóias | 42 | África do Sul, EUA, Austrália |
| 5 | Minério de ferro | Lom & Steal | 64,648,000 | Brasil, Austrália, China, Canadá, Venezuela |
| 6 | Chumbo | Papel de solda | 70,440 | E.U.A. México, Canadá |
| 7 | Maganês | Ferro e aço | 812,800 | África do Sul, Gabão, Austrália e França |
| 8 | Níquel | Aços inoxidáveis | 48,660 | Canadá e República Dominicana República |
| 9 | Prata | Jóias, latas, ligas | 780 | México, E.U.A, Peru, Canadá |
| 10 | Lata | Lata, liga | 5,9 30 | China, Brasil, Indonésia |
| 11 | Zinco | Ferro e aço | 1 43,910 | Canadá, Austrália, China, Peru e Espanha |

1.3.8    Os principais produtores de minerais sólidos em 2015 são os seguintes (Wikipedia, 2015)

| S/N | METAL | PRODUTOR LÍDER | SEGUNDA LIDERANÇA PRODUTOR |
|---|---|---|---|
| 1 | Alumínio | China | Rússia |
| 2 | Bauxite | Austrália | China |

| 3 | Bismuto | China | México |
|---|---|---|---|
| 4 | Cobre | Chile | China |
| 5 | Ouro | China | Austrália |
| 6 | Minério de ferro | China | Austrália |
| 7 | Lítio | Austrália | Chile |
| 8 | Manganês | África do Sul | China |
| 9 | Níquel | Filipinas | Rússia |
| 10 | Paládio | Rússia | África do Sul |
| 11 | Platina | África do Sul | Rússia |
| 12 | Prata | México | China |
| 13 | Lata | China | Indonésia |
| 14 | Titânio | Austrália | África do Sul |
| 15 | Zinco | China | Austrália |
| 16 | Fluorite (Bem) | China | México |
| 17 | Urânio (combustível atómico) | Cazaquistão | Canadá |
| 18 | Carvão (Combustível Fóssil) | China | EUA |

## 1.4 Depósitos de minerais sólidos na Nigéria

Um mineral é uma substância natural, sólida e inorgânica, representada por uma fórmula química geralmente biogénica e com uma estrutura atómica ordenada. (Adeoye, 2016). Além disso, afirma que o relatório da Iniciativa para a Indústria Extractiva e Transparência da Nigéria (NEITI) sugere que existem 30 tipos diferentes de minerais sólidos e metais preciosos, como a safira, a água-marinha, o topázio, etc., que ainda não foram explorados. Segue-se uma lista de recursos minerais sólidos na Nigéria e a sua localização, conforme analisado em (NaijaBiz com. Com, 2017 e Adeoye 2016), como indicado abaixo:

> A Nigéria é dotada de uma variedade de recursos minerais sólidos resultantes das suas formações geológicas favoráveis:

> Complexo do subsolo (ouro, ferro, tântalo-nióbio, pedras preciosas, minerais industriais)

> Granitos mais jovens (estanho, tungsténio, urânio)

> Bacias sedimentares (chumbo-zinco, carvão, areias betuminosas)

1.4.1      Tipos e utilizações de minerais sólidos

AGREGADOS: os agregados naturais incluem a areia, a gravilha e a pedra britada. E são compostos por fragmentos de rocha que podem ser utilizados em

no seu estado natural ou após processamento mecânico, como esmagamento, lavagem ou calibragem. Os agregados reciclados consistem principalmente em betão britado e pavimento asfáltico britado.

BENTONITE: é um tipo de argila utilizada na medicina e como aditivo para lamas de perfuração.

BISMUTH: é utilizado numa série de aplicações muito diferentes. A maior parte é consumida em ligas de bismuto e em produtos farmacêuticos e químicos. O restante é utilizado em cerâmica, tintas, catalisadores e numa variedade de aplicações menores. O bismuto metálico é relativamente inerte e não tóxico. Substituiu o chumbo tóxico em muitas aplicações, tais como canalizações, balas, projécteis para aves, ligas metálicas e soldadura. Os compostos de bismuto são utilizados em medicamentos para o desconforto gástrico (daí o nome comercial Pepto-Bismol), no tratamento de úlceras gástricas, em cremes calmantes e em cosméticos.

BITÚMENO: Hidrocarboneto denso, altamente viscoso, derivado do petróleo, que se encontra em depósitos como as areias betuminosas ou é obtido como resíduo da destilação do petróleo bruto. É utilizado principalmente na construção de estradas.

Argilas: Existem muitos minerais de argila diferentes que são utilizados para aplicações industriais. As argilas são utilizadas no fabrico de papel, refractários, borracha, bolas, louça e cerâmica, pavimentos e revestimentos, vestuário sanitário, barro refratário, tijolos, areias de fundição, lama de perfuração, peletização de minério de ferro, materiais absorventes e filtrantes e cosméticos.

CASSETERITE: é um mineral de óxido de estanho, Sn02 e o principal minério de estanho.

COLUMBITE: Colum bite e Tantalite são encontrados principalmente juntos em granito, pegmatite's e depósitos de placer. É um minério de nióbio e tântalo usado na formação de ligas que são úteis na engenharia nuclear, aeroespacial e de turbinas a gás.

DIATOMITE: é uma rocha composta por esqueletos de diatomáceas, organismos unicelulares com esqueleto feito de sílica que se encontram em água doce ou salgada. A diatomite é utilizada principalmente para a filtração de bebidas como os sumos, mas

está também a ser utilizado como filtro em tintas, produtos farmacêuticos e tecnologias de limpeza ambiental.

FELDSPAR: é um mineral formador de rocha. É utilizado nas indústrias do vidro e da cerâmica, olaria, porcelana e esmalte, sopas, aplicações.

FLUORITA: é utilizada para a produção de ácido fluorídrico, que é utilizado nas indústrias da olaria, da cerâmica, da ótica, da galvanoplastia e dos plásticos. É também utilizada no tratamento metalúrgico da bauxite, como fundente em fornos de aço a céu aberto e na fundição de metais, bem como em eléctrodos de carbono, rodas de esmeril, soldadores eléctricos e pasta de dentes como fonte de flúor.

GEMAS OU PEDRAS PRECIOSAS: são basicamente utilizadas para fins decorativos, por exemplo, jóias.

1.4.2        O perfil dos depósitos de minerais sólidos na Nigéria inclui o seguinte:

- Talco

    Foram identificados mais de 40 milhões de toneladas de depósitos de talco nos estados do Níger, Osun, Kogi, Ogun e Kaduna. A fábrica de talco catalítico de 3 000 toneladas por ano do Conselho de Investigação e Desenvolvimento de Minerais Brutos (RMRDC) no estado do Níger é a única fábrica de talco do país. A indústria do talco representa um dos sectores mais versáteis dos minerais industriais do mundo.

    A exploração das vastas jazidas permitiria assim satisfazer a procura local e a procura de exportação.

- Gesso

O gesso é um fator de produção importante para a produção de cimento. É também utilizado para a produção de gesso de Paris (P.O.P) e de giz de sala de aula. É urgentemente necessária uma estratégia de extração de gesso em grande escala para sustentar as fábricas de cimento e fazer face à futura expansão. Atualmente, a produção de cimento está estimada em 8 milhões de toneladas por ano

Cerca de mil milhões de toneladas de depósitos estão espalhados por muitos estados da Nigéria.

- Minérios de ferro

Existem mais de 3 mil milhões de toneladas métricas de minério de ferro em depósitos nos estados de Kogi, Enugu e Níger, bem como no território da capital federal. O minério de ferro está a ser extraído em Itakpe, no estado de Kogi, e já está a ser beneficiado, com até 67% de ferro.

Os complexos siderúrgicos de AIadji e Ajaokuta estão prontos para o consumo de biletes e outros produtos de ferro para as indústrias a jusante.

- Chumbo/Zinco

Estima-se que 10 milhões de toneladas de veios de chumbo/zinco estejam espalhados por oito estados da Nigéria. As reservas comprovadas em três prospectos na zona central são de 5 milhões de toneladas. Os parceiros de empresas comuns são incentivados a desenvolver e explorar os vários depósitos de chumbo/zinco em todo o país.

- Bentonite e baritina

Estes são os principais constituintes da lama utilizada na perfuração de todos os tipos de poços de petróleo. A barita nigeriana tem uma gravidade específica de cerca de 4,3. Mais de 7,5 milhões de toneladas de barita foram identificadas nos estados de Taraba e Bauchi. Grandes reservas de betonite de 700 milhões de toneladas estão disponíveis em muitos estados da federação, prontas para um desenvolvimento e exploração maciços.

- Ouro

Existem reservas comprovadas de ouro aluvial e primário na cintura de xisto da Nigéria, localizada na parte sudoeste do país. Os depósitos são principalmente aluviais e estão atualmente a ser explorados em pequena escala. Os investidores privados são convidados a apostar em concessões nestes depósitos primários.

- Betume

A ocorrência de depósitos de betume na Nigéria está indicada em cerca de 42 mil milhões de toneladas, quase o dobro das reservas existentes de petróleo bruto. Os resultados analíticos sugerem que este recurso potencial pode

ser utilizado diretamente como ligante asfáltico. A maior parte do betume utilizado para a construção de estradas na Nigéria é atualmente importado.

- Carvão

O carvão nigeriano é um dos mais betuminosos do mundo, devido ao seu baixo teor de enxofre e de cinzas, sendo por isso o mais amigo do ambiente. Existem cerca de 3 mil milhões de toneladas de reservas indicadas em 17 campos de carvão identificados e mais de 700 milhões de toneladas de reservas comprovadas.

- Salt Spring

A procura nacional de sal de mesa, soda cáustica, cloro, bicarbonato de sódio, ácido clorídrico de sódio e peróxido de hidrogénio excede um milhão de toneladas. É despendido anualmente um montante colossal para importar estes produtos químicos e para as empresas transformadoras, incluindo as empresas de curtumes e as do sector alimentar e das bebidas, do papel e da pasta de papel, do engarrafamento e do petróleo. Existem fontes de sal em Awe (estado do planalto), Abakaliki e Uburu (estado de Ebonyi), enquanto o sal-gema está disponível no estado de Benue. Foi indicada uma reserva total de 1,5 milhões de toneladas e o Governo está atualmente a realizar mais investigações.

- Pedras preciosas

Há anos que a extração de pedras preciosas tem vindo a crescer em várias partes dos Estados de Plateau, Kaduna e Bauchi. Algumas destas pedras preciosas incluem a safira, o rubi, a água-marinha, a esmeralda, a turmalina, o topázio, a granada, a ametista, o zircão e o espatoflúor, que se encontram entre as melhores do mundo. Existem boas perspectivas nesta área para investimentos variáveis.

- Caulino

Foi identificada uma reserva estimada de 3 mil milhões de toneladas de caulino de boa qualidade em muitas localidades da Nigéria.

# Capítulo 2

MINERAIS SÓLIDOS E DESENVOLVIMENTO ECONÓMICO

2 .0 Resumo

2.1    Minerais sólidos e economia mundial

Os minerais sólidos têm um grande impacto na economia do mundo. Isto deve-se ao facto de os produtos da indústria mineira terem muitas funções vitais. Em primeiro lugar, os minerais são a força motriz ou o fator das economias do mundo. Ao longo da história, os minerais impulsionaram tanto a colonização como as guerras. Além disso, as comunidades indígenas têm sido frequentemente exploradas ao longo da história e mesmo nos tempos modernos, devido à sua proximidade de minerais tão importantes como os diamantes. A força de trabalho da população indígena sempre forneceu mão de obra barata para as nações estrangeiras que realizam operações de mineração. A maior parte destes países estrangeiros ou exteriores adquiriram e exploraram por vezes as populações e as suas terras para terem acesso aos minerais.

A título de exemplo, a Austrália, enquanto continente, possui as maiores reservas de urânio do mundo, enquanto o Canadá é o maior exportador de minério de urânio. Além disso, o México é o maior exportador de prata do mundo. Anteriormente, os diamantes eram encontrados apenas em depósitos aluviais do sul da Índia, mas atualmente os diamantes são encontrados na África do Sul, noutros países africanos como a Namíbia, o Botsuana, a República Democrática do Congo e a Tanzânia, e no Congo o minério de ferro, os minerais mais comuns na Terra, sendo os cinco maiores produtores mundiais a China, o Brasil, a Austrália, a Rússia e a Índia. Os cinco países são responsáveis por cerca de setenta por cento da produção mundial de minério de ferro. O ouro também se encontra nas principais zonas mineiras do Canadá, dos EUA e da Austrália Ocidental. Existem também grandes quantidades de ouro nos oceanos do mundo. O minério de cobre encontra-se em abundância no Chile, México, EUA, Indonésia, Austrália, Peru, Rússia, Canadá, China, Holanda e Cazaquistão. Encontram-se ricas reservas de petróleo no Canadá, EUA, México, Arábia Saudita, Irão, Iraque, Emirados Árabes Unidos e Kuwait. Apesar de ser uma fonte de energia escassa, mas importante, o petróleo está na origem de conflitos internacionais no mundo. A reserva de bauxite também ocorre na Austrália, Brasil, Crimeia, Roménia, Índia, Jamaica, Rússia, Suriname, EUA e Venezuela. A economia do mundo tem sido muito influenciada pelos seus recursos naturais, nomeadamente os minerais. De acordo com um relatório publicado por Cori O'Donnell em 14 de dezembro de 2011, os principais países ricos em mineração do mundo são discutidos abaixo. De acordo com o "The Telegraph", a África do Sul tem a reserva mineral mais rica do mundo, com mais de 2,5 triliões de reservas minerais. O país é o maior produtor mundial de platina e líder na produção de diamantes, ouro, carvão e metais de base. A Rússia ocupa o segundo lugar e tem uma indústria mineira produtiva, com uma reserva de ferro estimada em setecentos e noventa e quatro mil milhões. Vinte por cento do nicol e do colbalto mundiais provêm da Rússia, enquanto cinco a sete por cento da produção de carvão e de minério de ferro provêm da Rússia. A Austrália também detém 35% das reservas de nicol e quase 23% das reservas mundiais de bauxite. A Ucrânia vem em quarto lugar, com um depósito de minério de ferro no valor de 510 mil milhões de euros. De acordo com o jornal "The Telegraph", a indústria mineira representa 4,4% do PIB do país. O quinto lugar da lista é ocupado pela Guiné, com reservas de bauxite no valor de 222 mil milhões de euros. O país depende muito da indústria mineira, que contribui para 25% das receitas do país.

## 2.2 Minerais sólidos e desenvolvimento económico na Nigéria

Muitos investigadores sobre minerais sólidos postulam que a Nigéria é dotada de numerosos recursos minerais, tais como calcário, chumbo, sal, cassiterite, columble, barita de ouro, entre outros; os processos de desenvolvimento mineral da Nigéria, no entanto, afectam grandemente o ambiente, em grande parte devido ao facto de a maioria das actividades mineiras serem realizadas por mineiros artesanais e de pequena escala que não dispõem de tecnologia adequada e de fundos suficientes (Gyarg, Nanle e Colloms 2010).

Muitas pessoas morreram em consequência da população do ambiente mineiro. Em Zamfara, no noroeste da Nigéria, trezentas pessoas morreram em consequência da contaminação por chumbo de fontes de água pouco profundas e de solos Gyarg, Namle e Collom (2010).

Além disso, foram registados 3000 derrames de petróleo no Delta do Níger num período de 4 anos, resultando na destruição de mais de 6000 explorações piscícolas. Este facto é corroborado por

(Okpanachi, 2004) que afirma que a Nigéria é dotada de enormes recursos minerais que, quando devidamente aproveitados, podem levar ao seu desenvolvimento económico e industrial. Além disso, (Goton, 2004) afirma que o nível de grandeza de uma nação é frequentemente um reflexo da forma como os seus recursos foram planeados, geridos e utilizados.

A maioria dos académicos observou, no entanto, que a existência de recursos minerais em quantidades comerciais não garante, por si só, um benefício ótimo, porque outros factores, como a capacidade tecnológica, o financiamento e o mercado, também são importantes para o aproveitamento desse sector.

Além disso, Gyang, Nanle e Collom (2010) afirmam que, apesar de a Nigéria ser abençoada com recursos minerais abundantes que poderiam levar ao crescimento industrial e económico, o que se verifica atualmente é que a maior parte do desenvolvimento mineral, especialmente a exploração, é feita por mineiros informais e, na maioria dos casos, ilegais, utilizando técnicas muito rudimentares sem qualquer consideração pelo ambiente ou pela saúde humana.

## 2.3    Nível de desenvolvimento

Apesar dos enormes recursos da Nigéria, o desenvolvimento é feito maioritariamente por mineiros artesanais e de pequena escala. A mineração artesanal refere-se a actividades informais realizadas por indivíduos e grupos que dependem fortemente do trabalho manual e utilizam implementos e métodos simples de exploração e aproveitamento. A lei de minerais e minas da Nigéria (secção 164) define a mineração artesanal como operações mineiras limitadas à utilização de métodos não mecanizados de reconhecimento, exploração, extração e processamento de recursos minerais dentro de uma área de arrendamento de minas de pequena escala (Gyang, Nanle e collom, 2010). Além disso, estes autores afirmam que, à exceção de algumas minas a céu aberto de calcário e mármore, é difícil encontrar mineiros totalmente mecanizados e integrados na Nigéria. No entanto, a indústria petrolífera é uma exceção porque é multinacional por natureza e, na maioria dos casos, altamente integrada.

Para reforçar os pontos anteriores, (Ogezi, 2005) afirma que a exploração mineira em pequena escala é geralmente efectuada por pequenos empresários/empresas legais. Não dispõem de fundos suficientes e as suas operações são subfinanciadas, pelo que não utilizam as potencialidades das suas concessões minerais e recorrem aos serviços de mão de obra manual. Afirma ainda que cerca de 90-95% dos minerais sólidos na Nigéria são produzidos por esta categoria de mineiros. Isto implica que a disponibilidade de recursos minerais, por si só, não pode levar ao desenvolvimento económico. Assim, muitos factores devem entrar em jogo para o aproveitamento bem sucedido dos minerais sólidos para o desenvolvimento económico. Gyang afirma que esses factores incluem a capacidade das partes interessadas de explorar e comercializar os produtos para benefício económico global do país, a realização de testes laboratoriais, a continuação da transformação e a beneficiação.

# Capítulo 3

EXPLORAÇÃO/MINERAÇÃO DE MINERAIS SÓLIDOS

3 .0 Resumo

A exploração mineira organizada na Nigéria é praticada há mais de 100 anos e tem sido um fator importante na economia nigeriana antes da descoberta de petróleo em 1967 em Oloibiri, no estado de Rivers, altura em que a extração de minerais sólidos começou a sofrer um declínio. Isto significa que os minerais sólidos contribuíram imenso para o desenvolvimento da Nigéria antes da conquista da independência em 1960. Num determinado período, a Nigéria foi o maior exportador de columbite do mundo.

Países africanos como o Gana, o Mali, o Congo, a Zâmbia, a África do Sul, o Botsuana, Madagáscar, etc., dependem em grande medida da sua riqueza mineral. Países avançados como o Canadá, a Suécia, o Chile e a Austrália também têm as suas economias dependentes do desenvolvimento sustentável dos seus recursos minerais.

A disseminação de minerais na Nigéria é bastante significativa, uma vez que existem numerosos depósitos minerais no país. A certa altura, Oby Ezekwesili, que já foi Ministra dos Minerais Sólidos, declarou que a Nigéria podia orgulhar-se de ter a maior concentração de minerais do mundo.

A distribuição de minerais em várias partes da Nigéria é mostrada na tabela. Para além destes minerais, as pedras preciosas também ocorrem na Nigéria. Algumas delas são a Esmeralda, a Safira, a Granada, a Tummalina, a Água-marinha, o Heliodoro, a Manganite e a Goshenite, o Zircão e a Kunzite, a Ametista, o Topázio, etc.

3.0.1 Localizações dos depósitos de minerais sólidos na Nigéria

Tabela com a localização dos depósitos minerais na Nigéria (The Guardian, 2016)

|   | NOME DO ESTADO | DOTAÇÃO MINERAL |
|---|---|---|
| 1 | Abia | Carvão e argila |
| 2 | Adamawa | Argila, gesso, carvão e |
| 3 | Anambra | Argila, carvão e caulino |
| 4 | Akwa Ibom | Argila e caulino |
| 5 | Bauchi | Argila, caulino, wolfromite, pedras preciosas, fluorite, casseterite, columbite e calcário |
| 6 | Bayelsa | Argila |
| 7 | Benue | Argila, barita e calcário |
| 8 | Borno | Argila e bentonite |
| 9 | Rio Branco | Argila, basite, tantalite, calcário, rutilo, chumbo, zinco, cassiterite, columbite |
| 10 | Delta | Argila, sílica, areia |
| 11 | Ebonyi | Chumbo, zinco, calcário, flumite, sal, |
| 12 | Edo | Bentonite, gesso, carvão, argila, calcário, betume |
| 13 | Ekiti | Caulino, argila, tantalite |
| 14 | Enugu | Carvão, minério de ferro e argila |

| 15 | FCT, Abuja | Argila, mármore, feldspato, ouro, carvão, zinco, minério de ferro |
|---|---|---|
| 16 | Gombe | Argila, gesso, calcário, carvão |
| 17 | Imo | Argila, caulino, carvão |
| 18 | Jigawa | Argila, sílica, areia |
| 19 | Kaduna | Pedras preciosas, talco, feldspato, ouro, argila, columbite, cianite, |
| 20 | Kano | Wolframite, argila, carvão, feldspato, prata, cassiterite |
| 21 | Katsina | Argila, caulino, ouro, manganês |
| 22 | Kebbi | Manganês, argila, caulino, ouro, feldspato |
| 23 | Kogi | Minério de ferro, calcário, mármore, carvão, tantalite, feldspato, bentonite |
| 24 | Kwara | Mármore, pedras preciosas, ouro, tantalite, columbite, cassiterite, argila |
| 25 | Lagos | Betume, argila, sílica, areia |
| 26 | Nassarawa | Wolframite, mármore, pedras preciosas, barita argilosa, mica, columbite, casseterite, minério de ferro, lítio |
| 27 | Níger | Wolframite, pedras preciosas, talco, ouro, argila, lítio, |
| 28 | Ogun | Betume, fosfato, caulino, gesso, calcário, quartzo, argila, feldspato, vidro, areia, mica |

| 29 | Ondo | Argila, bentonite, caulino, sílica, areia, betume |
| 30 | Osun | Argila, ouro, mica |
| 31 | Oyo | Argila, mica, pedra preciosa, mármore |
| 32 | Planalto | Molibdénio, pedra preciosa, kaalon, rutilo, carvão, argila, columbite, chumbo, fluorite, casseterite |
| 33 | Rios | Argila, caulino |
| 34 | Sokoto | Argila, fosfato, barita |
| 35 | Taraba | Argila, fosfato, barita |
| 36 | Yobe | Argila, diatomite, gesso, sílica, areia |
| 37 | Zamfara | Manganês, barita, volframita, chumbo, zinco, ouro, lítio, argila, minério de ferro |

## 3.1 Métodos de extração mineira

A procura ou exploração de depósitos minerais na Nigéria pode ser feita através de um dos títulos minerais abaixo indicados, conforme consagrado na Lei dos Minerais e Minas da Nigéria, 2007.

Estes são:

i. A licença de reconhecimento

ii. Licença de exploração

iii. Aluguer de minas em pequena escala

iv. Aluguer de minas

v. Aluguer de pedreiras

vi. Autorização de utilização da água

A autorização de reconhecimento, a licença de exploração, o contrato de arrendamento de minas em pequena escala e o contrato de arrendamento de pedreiras podem ser concedidos a indivíduos que sejam cidadãos da Nigéria e não tenham sido condenados por um delito, ou a uma empresa comparativa e registada na Nigéria ao abrigo da Lei das Sociedades. No entanto, apenas uma empresa pode obter uma licença de exploração mineira e a empresa não precisa de ter sido constituída na Nigéria para ser elegível para se candidatar.

Os dois principais métodos utilizados na exploração mineral são a extração a céu aberto e a extração subterrânea.

Exploração mineira a céu aberto:

O método predominante de escavação de rochas à superfície consiste em efetuar furos verticais. Os furos são carregados com explosivos e disparados antes de serem carregados numa unidade de transporte e transportados para um local de trituração ou depósito onde é efectuado o tratamento posterior.

O processo de extração mineira envolve a escavação da rocha para tratamento posterior, que inclui trituração, moagem, separação, etc.

Os métodos básicos de escavação são os mesmos, mas a escolha do equipamento é diferente. Normalmente, uma mina é planeada para durar muitas décadas, o que justifica investimentos avultados e a escolha de equipamento específico para o projeto.

Para fragmentar a rocha, são aplicados muitos métodos de perfuração, mas o mais comummente adotado é a técnica de perfuração por percussão. Na perfuração de bancada, a rocha é perfurada e dinamitada com furos verticais. Os termos associados a este método incluem: altura da bancada, espaçamento da carga, profundidade do furo e subperfuração. Muitos factores são considerados na determinação dos parâmetros acima mencionados, tais como:

i. Tipo de rocha

ii. Diâmetro do furo

iii. Regulamentação local

iv. Grau de fragmentação

v. Estado do terreno

São utilizados vários tipos de explosivos para quebrar as rochas em fragmentos, tais como:

i.     ANFO: Nitrato de amónio e fuelóleo

ii.     Dinamite

iii.     Lama

O nitrato de amónio é um explosivo barato, composto por nitrato de amónio e fuelóleo numa proporção de 95:5. Apresenta-se geralmente sob a forma de pó. A dinamite é um composto à base de nitroglicerina, geralmente disponível em cartuchos ou tubos de diferentes tamanhos.

As pastas explosivas variam em composição, mas são geralmente à base de água e de consistência fluida.

Os sistemas de ignição mais utilizados para ativar os explosivos incluem:

Detonadores eléctricos

Cordão detonador

3.2.2 Exploração subterrânea

Esta técnica é utilizada para recuperar minerais de depósitos abaixo da superfície da terra. A mina subterrânea requer um sistema de escavação na rocha para ter acesso aos estratos minerais.

É necessária uma rede extensa e cuidadosamente planeada de escavações para que a mina funcione eficazmente. A isto chama-se trabalho de desenvolvimento. Os exemplos incluem: o poço que liga os trabalhos subterrâneos à superfície, as galerias que vão do poço ao corpo da mina.

Na escavação subterrânea são aplicados vários métodos de extração mineira. (Manual da Atlas Copco-(www.atlascopco.com)

i.     Exploração de salas e pilares: Aqui o corpo de minério é escavado tão completamente quanto possível, deixando secções de minério para suportar o poço suspenso. É utilizado para corpos de minério horizontais com uma inclinação não superior a 30.

ii.     Exploração de salas planas e pilares: É utilizada em depósitos planos ou quase horizontais onde é necessário um mínimo de preparação do terreno para a extração de minério. São necessárias estradas para o transporte do minério fragmentado e para a comunicação entre as áreas de trabalho.

iii.     Exploração de salas e pilares inclinados: Um corpo de minério inclinado para a extração de quartos e pilares requer o desenvolvimento de vários níveis horizontais em intervalos verticais. Em cada nível é escavado um calado de transporte.

iv.     Escalonamento e extração de pilares: baseia-se na utilização de equipamento de transporte sem lagartas, em vez de equipamento de transporte sobre carris. É capaz de se deslocar para cima e para baixo - fundos inclinados.

Outros materiais incluem:

Recuo vertical inclinado

Cortar e encher o revestimento

Revestimento de parede comprido

Subnível de cobertura

Revestimento de paredes de blocos

## 3.2   Questões ambientais na exploração mineira

A política internacional de "desenvolvimento sustentável" no sector mineiro aumentou consideravelmente o âmbito e o rigor das leis que regulam a exploração mineira. Assim, a exploração mineira deve ser efectuada de forma a satisfazer as necessidades do presente sem comprometer a capacidade das gerações futuras de satisfazerem as suas próprias necessidades.

As normas e a aplicação fracas caracterizam atualmente as leis internacionais, mas o seu âmbito e aplicabilidade estão a aumentar ao ponto de já não poderem ser ignorados.

Dois factores podem alterar drasticamente a atitude da indústria mineira no futuro próximo. O primeiro deles é a expansão das oportunidades internacionais para o desenvolvimento de recursos minerais. O desenvolvimento industrial através de esforços de licenciamento foi acelerado pelo seguinte: fim da guerra fria, emergência de novas economias de mercado na Ásia, América Latina, África e Europa de Leste, liberalização fiscal nas economias em desenvolvimento, privatização de activos mineiros estatais, corrupção da maioria dos minerais também está a aumentar, especialmente nos países em desenvolvimento.

Outro fator é o desafio crescente ao desenvolvimento, produção e produtos mineiros. A exploração mineira provoca importantes impactos ambientais, sociais, culturais e económicos.

A nova tónica no desenvolvimento sustentável une a legislação mineira. As normas de proteção ambiental dos países desenvolvidos não podem ser impostas aos países em desenvolvimento, uma vez que tal pode constituir um obstáculo ao seu desenvolvimento económico.

A sustentabilidade no desenvolvimento implica três coisas: a preservação de opções para a geração futura, o fomento da estabilidade social e comunitária e a manutenção ou recuperação da qualidade ambiental.

## 3.3 Impacto da exploração mineira no ambiente

A exploração mineira implica a degradação do ambiente. Não é uma atividade amiga do ambiente. As actividades de exploração de recursos minerais afectam todos os meios ambientais: terra, ar, água e flora e fauna associadas, afectando também o ambiente humano, a saúde e a segurança individuais, o estilo de vida das comunidades locais, o bem-estar económico, a ordem social, a sobrevivência cultural e os estilos de vida das comunidades locais.

A maioria dos impactos da exploração mineira pode ser localizada ou pode causar problemas ambientais naturais, transfronteiriços e globais. A fase de exploração, que envolve levantamentos, cartografia, perfuração, etc., produz os efeitos menos notados, mas pode ainda assim causar o abate de árvores e vegetação, a deslocação e morte de vida selvagem e a alteração do terreno através da construção de estradas de acesso, acampamentos, escavações, etc.

As fases de desenvolvimento e de exploração da extração são as que causam maiores danos, acima dos impactos na utilização dos solos, nos ecossistemas e nas populações. Grandes áreas de vegetação, solo superficial e terreno podem ser destruídas pela extração mineira. Outros danos são provocados por escavações, deslizamentos de terras, rupturas de taludes, desmoronamentos, erosão e subsidência.

As fases metalúrgicas (fundição e refinação) geram riscos ainda maiores para a saúde humana e para o ambiente. Esta poluição inclui a emissão direta de compostos de enxofre, de carbono, de azoto e de partículas metálicas tóxicas, azotadas e tóxicas.

A fase de recuperação também tem os seus próprios problemas, que incluem minas abandonadas que causam a contaminação do abastecimento de água e a destruição do ecossistema, bem como impactos na forma do terreno e no estilo de vida.

## 3.4 Potenciais efeitos ambientais da exploração mineira

Muitos impactos ambientais e sociais estão associados à escavação e processamento de minerais. Estes podem ser dos seguintes tipos:

i.      Directos e indirectos

ii.     Benéficos e adversos

iii.    Curto, médio e longo prazo

iv.     Reversível e irreversível

v.      Físicos, químicos, biológicos e socioeconómicos

vi.     Local ou regional

A nível internacional, a prática mineira está concebida de forma a que, na maior parte das explorações mineiras, os impactos sejam evitáveis ou reversíveis e possam ser atenuados através de boas práticas de gestão ambiental e social.

Os impactos ambientais associados à exploração mineira são:

i.      Perigo de rutura de estruturas e barragens

ii.     Equipamentos e edifícios abandonados

iii.    Destruição do habitat natural no local da exploração mineira e nos locais de eliminação de resíduos

iv.     Degradação das terras devido a uma reabilitação e encerramento inadequados

v.      Alteração da forma e instabilidade do solo

vi.     Contaminação do solo por resíduos de tratamento e derrames de produtos químicos

vii.    Destruição de habitats adjacentes devido ao afluxo de colonos e à invasão de minas

viii.   Alteração dos lençóis freáticos

ix.     Alteração adversa do regime e da ecologia do rio devido à poluição, assoreamento e modificação do caudal.

### 3.4.1 As fontes de poluição incluem:

i.      Derrames de petróleo e de combustível

ii.     Escoamento de sedimentos dos sítios mineiros

iii.    Drenagem do sítio mineiro, incluindo drenagem ácida de minas e águas de minas descarregadas

iv.     Efluentes de esgotos do local

v.      Poluição resultante da exploração mineira nos leitos dos rios

vi.      Efluentes de operações de processamento de minerais

vii.      Libertação de metano das minas

viii.      Lixiviação de poluentes dos rejeitos, das zonas de eliminação e dos solos contaminados

ix.      Emissões de poeiras de sítios próximos de zonas residenciais e habitats

x.      Emissões atmosféricas das actividades de transformação de minerais

**3.4.2** As questões de saúde ocupacional incluem as seguintes :

i.      Exposição ao calor, ao ruído e às vibrações

ii.      Manuseamento de produtos químicos

iii.      Práticas e condições de trabalho inseguras

iv.      Condições de vida insalubres

v.      Emissões fugitivas no interior da instalação

vi.      Inalação de poeiras

vii.      Exposição a amianto, cianite, mercúrio ou outros materiais tóxicos utilizados no local

viii.      Riscos físicos nos locais das instalações

ix.      Emissões atmosféricas em espaços confinados provenientes de transporte, granalhagem e combustão

**3.4.3** Impactos sociais, económicos e culturais

i.      Efeitos em sítios históricos e religiosos

ii.      Afluxo de mão de obra e de famílias

iii.      Deslocação das populações das comunidades locais

iv.      Efeitos do grupo étnico

v.      Necessidade de aprender novas competências

vi.      Bem-estar e participação das mulheres e dos grupos indígenas

vii.      Posse da terra

viii.      Alterações nos padrões sociais, culturais e económicos da comunidade local

ix.    Conflitos relativos à utilização da terra, da vida selvagem e dos recursos hídricos

3.5 Oportunidades de investimento no desenvolvimento de minerais sólidos

Durante o boom do petróleo, foram criadas na Nigéria muitas indústrias pesadas para a produção de produtos como sal, cimento, papel, fertilizantes, sabões, produtos farmacêuticos, petroquímicos, cerâmica, detergentes, ferro e aço, cosméticos, etc. No início dos anos 80, o Valor Acrescentado da Produção (MVA) para o sector da indústria transformadora foi avaliado em 3,4 mil milhões de dólares.

Prevê-se que algumas das matérias-primas para as indústrias sejam importadas, enquanto outras devem ser obtidas localmente. Estas matérias-primas de base incluíam sal, petróleo bruto, caulino, rocha fosfática, calcário, minério de ferro, trona, carvão, bentonite, argilas, gesso, feldspato, etc. Embora as matérias-primas estejam disponíveis no país, apenas cerca de 5% são exploradas para a produção, o que constitui uma oportunidade/potencial de investimento.

De acordo com os dados do Conselho de Investigação e Desenvolvimento de Matérias-Primas (RMRDC), a procura nacional estimada de algumas das matérias-primas é apresentada no quadro seguinte:

| S/N | MATERIAL BRUTO | PROCURA POR/ANO |
| --- | --- | --- |
| 1 | Caulino | N150,000 |
| 2 | Talco | N50,000 |
| 3 | Fosfato | N200,000 |
| 4 | Carbonato de sódio | N50,000 |
| 5 | Cal | N300,000 |
| 6 | Calcário granulado | N500,000 |
| 7 | Baritas | N100,000 |
| 8 | Bentonite | N60,000 |
| 9 | Sal bruto | N500,000 |
| 10 | Gesso | N300,000 |
| 11 | Feldspato | N60,000 |
| 12 | Sal formado | N1,500,000 |
| 13 | Galena | N70,000 |
| 14 | Concentrado de minério de ferro | N4,000,000 |

Fonte: Estimativa da procura nacional de minerais seleccionados (Raw Materials Research and Development Council Nigeria)

Embora tenha havido esforços para documentar os minerais sólidos existentes, não tem havido muito interesse de investimento na sua exploração e transformação em matéria-prima industrial.

Podem ser criadas instalações de transformação em pequena escala para os seguintes produtos: calcário, caulino, talco, feldspato, gesso, bentonite, barita, carbonato de sódio, cal, etc. Podem ser feitos investimentos em grande escala para a transformação de outros produtos como: galena, minério de ferro, carvão, sal bruto em matéria-prima industrial.

O Governo Federal, a fim de incentivar o investimento no sector dos minerais sólidos, adoptou uma série de medidas, nomeadamente

i.   Criação do Ministério das Minas e do Desenvolvimento do Aço, com mandato para a prospeção, exploração e utilização de minerais sólidos.

ii.  Revogação da Lei de Controlo Cambial de 1962 para permitir a entrada de capitais estrangeiros.

iii. Revogação do decreto de promoção das empresas nigerianas de 1989, a fim de permitir que os estrangeiros participem parcial ou totalmente em projectos industriais viáveis.

iv.  Renovação das taxas sobre os juros concedidos pelos bancos para a produção destinada à exportação

v.   Isenção de impostos sobre os dividendos das pequenas empresas transformadoras e supressão das restrições às deduções de capital para as empresas transformadoras.

vi.  Introdução de uma isenção fiscal de até 3 anos para as novas empresas que se dedicam à extração de minerais sólidos.

3.5.2 Outras medidas inesgotáveis incluem:

i.   Criação de um fundo especial ou de um mecanismo financeiro para ajudar os empresários

ii.  Intensificação dos esforços para quantificar os depósitos minerais no país

iii. Introdução de uma lei sobre a aquisição de minerais para promover o mercado para os investidores.

# Capítulo 4

DESAFIOS NO APROVEITAMENTO DOS MINERAIS SÓLIDOS

4 .0 Preâmbulo

A indústria de minerais sólidos na Nigéria debate-se com uma série de problemas que incluem a incoerência das políticas e a falta de legislação adequada, riscos elevados e perigos para a saúde, regulamentação deficiente, falta de laboratórios bem equipados, práticas pouco saudáveis das partes interessadas e número inadequado de pessoal formado, acesso ao capital, falta de tecnologia e maquinaria adequadas e degradação e poluição ambiental. (Gyang, Nanle e collom, 2010).

Os três autores afirmam ainda que as políticas governamentais têm sido instáveis ao longo dos anos, porque vão e vêm. Por exemplo, as observações do Ministro das Minas e do Desenvolvimento do Aço no sentido de revogar e revalidar todas as licenças de exploração (ELS) emitidas pelo Gabinete de Cadastro Mineiro são um exemplo, uma vez que este tipo de desenvolvimento afugenta os operadores e os potenciais investidores devido à incerteza.

## 4.1    Alto risco e perigos para a saúde

O método bruto de extração mineira na Nigéria expôs os mineiros a um elevado risco e perigo para a saúde. Para corroborar este ponto de vista, Davou e Dung, (2008); Akaolisa (2006) opinam que o sector mineiro na Nigéria é principalmente ocupado por mineiros artesanais e de pequena escala que utilizam baixa tecnologia e métodos rudimentares/tradicionais nas suas actividades, estando expostos a riscos elevados de metais nocivos e perigosos como o chumbo e os resíduos radioactivos. Além disso, métodos de mineração como o loffoing resultaram em mortes como resultado de colapso ou queda acidental de humanos e animais em Iotto's abandonados (Gyang e Ashano, 2010). Além disso, Odey, 2010 relata que a Nigéria registou um total de 3 203 derrames de petróleo entre 2006 e 2010, 23% dos quais foram causados por falhas de equipamento, erros de operação/manutenção e corrosão, enquanto 45% dos derrames foram atribuídos a sabotagem e vandalismo.

## 4.2    Regulamentação fraca

Malomo (2007) postula que as actividades dos comerciantes artesanais e de pequena escala são difíceis de restringir pela legislação e que os profissionais dos ministérios que deveriam controlá-las estão mal equipados para enfrentar os operadores que estão armados e desesperados.

## 4.3 Falta de laboratórios bem equipados

Os laboratórios não estão equipados para realizar estudos sobre matérias-primas minerais e, quando existem, os seus equipamentos são frequentemente antigos e desactualizados, enquanto os poucos laboratórios modernos e com equipamento de alta tecnologia que existem não dispõem de pessoal devidamente formado para os operar, ou estão sobrecarregados com problemas de fornecimento inadequado e níveis de eletricidade flutuantes que, por vezes, destroem estes equipamentos. As amostras de minerais são frequentemente recolhidas no estrangeiro para obter resultados fiáveis.

## 4.4 Práticas prejudiciais das partes interessadas

As partes interessadas escondem pedras de alta qualidade para evitar o pagamento de direitos. De facto, essas pedras são contrabandeadas para fora do país para os mercados internacionais sem qualquer valor acrescentado e, como tal, resultam em perda de receitas para o Governo e até para os próprios comerciantes.

## 4.5 Falta de capital de investimento

Os mineiros, em particular os de pequena escala e os artesanais, têm dificuldade em obter empréstimos devido às elevadas taxas de juro praticadas pelos bancos. Esta situação resulta em perdas de receitas consideráveis para o Governo e até para os próprios comerciantes.

## 4.6 Degradação e poluição ambiental

Gyang (2010) afirma que a extração de minerais na Nigéria deixou sempre um efeito devastador no ambiente. Em Jos, Plateau, onde teve lugar uma exploração mineira ativa de estanho e columbina, foi deixado para trás um ambiente pós-mineiro marcado por numerosas lagoas e barragens de minas rodeadas por montes de resíduos de minas e uma paisagem devastada, com um total de 2 015 casos distintos registados sob a forma de lagoas de minas, lixeiras de minas e Iotto's em apenas três das regiões onde a exploração mineira teve lugar e 75 mortes registadas em lagoas de minas abandonadas no período de 1994 a 2008.

Por seu lado, (Gusua, 2010) afirma que a exploração mineira causou danos a ecossistemas sensíveis que suportam peixes e vida selvagem, bem como riscos para a saúde humana devido à contaminação das fontes de água. Segundo (Gusua, 2010), todos estes fenómenos são comuns em Zamfara. O académico salienta ainda que, no Nordeste da Nigéria, cerca de 300 pessoas morreram em consequência de envenenamento por chumbo devido às actividades de extração de ouro e chumbo. No Estado do Delta, o derrame de petróleo proveniente das actividades de perfuração de petróleo bruto destruiu cerca de 6000 explorações piscícolas (Orubebe, 2010). Na mesma linha, Pahaman, 2010, salienta que, em 2015, cerca de 1,0 mil milhões de toneladas de minério de ferro, bauxite, arsénio, cádmio, cobre, ouro, chumbo, mercúrio e níquel produziram mais de 4,0 mil milhões de toneladas de resíduos. Isto é quatro vezes mais do que o minério extraído.

Gyang, Nanle& Collom, (2010), concluíram o seu estudo salientando que a Nigéria, enquanto nação, foi dotada de diversos recursos minerais de muito bom grau e de qualidades substancialmente grandes para sustentar o desenvolvimento industrial e tecnológico, bem como o desenvolvimento económico.

No entanto, apesar de várias tentativas do Governo para assegurar o rápido desenvolvimento do sector, este é lento, provavelmente devido à excessiva dependência do petróleo. Além disso, salientaram que o enorme investimento financeiro envolvido na criação de empresas mineiras convencionais de média e grande escala, bem como o longo período de gestação, são considerados como um dos factores que militam contra o desenvolvimento do sector. Também os bancos locais estão relutantes em conceder empréstimos e, mesmo quando o fazem, as taxas de juro são sempre demasiado elevadas.

**4.7** Incoerência das políticas: A incoerência das políticas por parte do governo é outra área que afugenta o investimento estrangeiro. De acordo com os académicos, outra área de preocupação é a atitude dos mineiros artesanais e de pequena escala que atualmente dominam os sectores dos minerais sólidos. Utilizam métodos rudimentares e não convencionais para extrair os recursos minerais, com várias consequências para o ambiente e a poluição dos recursos hídricos e dos solos, resultando em várias mortes.

**4.8** Falta de registos adequados: as actividades não são documentadas e, na maioria dos casos, os minerais são exportados para mercados internacionais, legalmente, resultando em perda de receitas para o governo. Com base nas suas conclusões, os três académicos recomendam que o governo aplique um plano de gestão ambiental realista e adequado a todas as fases do ciclo de vida do projeto. O governo deve também assegurar políticas consistentes e favoráveis às empresas e, ao mesmo tempo, conceder garantias e subsídios às empresas mineiras, tal como acontece no sector agrícola. Por último, recomendaram que as políticas de proteção do ambiente e a exigência de avaliação ambiental ao abrigo da nova Lei dos Minerais e das Minas da Nigéria sejam rigorosamente aplicadas pelos organismos governamentais competentes com poderes legais para o efeito.

**4.9** Factores geográficos: Alguns minerais ocorrem em terrenos difíceis, como na região árctica (pólo norte) e na região antárctica (pólo sul) do mundo. Estes minerais não são em grande parte utilizados devido ao frio rigoroso, uma vez que os minerais estão cobertos de gelo.

**4.10** Fator tecnológico: Muitos países ainda não desenvolveram tecnologias para a extração de recursos minerais no seu domínio. A água oceânica contém depósitos ricos em ouro, manganês e metais de alta tecnologia, mas continua adormecida devido à falta de tecnologia apropriada para os aproveitar. As actividades de extração mineira e de exploração de pedreiras são muitas vezes realizadas com equipamento rudimentar que afecta gravemente a produtividade.

**4.11** Fator político e ideológico: A instabilidade política e as razões ideológicas afectam o investimento de alguns países noutros; a mudança contínua de governo e as políticas e decisões governamentais desencorajam os investidores de investir em alguns países.

**4.12** Corrupção: Nos países onde a corrupção é generalizada, os investidores são desencorajados devido ao receio de serem enganados ou de perderem o seu capital de investimento e equipamento.

**4.13** Factores religiosos/culturais: Estes factores afectam o investimento em minérios porque a cultura e a religião de alguns países dificultam o exercício da liberdade de alguns investidores e a obtenção de ganhos empresariais de forma adequada.

**4.14** Tipos de minerais: A exploração, o aproveitamento e a utilização de certos minerais estão geralmente associados a controvérsia. Por exemplo, os minerais: Estanho, Tântalo, Tungsténio e Ouro (3TG) geram geralmente controvérsia devido ao seu elevado valor. O mesmo se aplica aos minerais radiativos, por exemplo, o urânio.

**4.15** : Políticas fiscais: As políticas fiscais existentes num país podem encorajar ou desencorajar os investidores. A disponibilidade de instituições financeiras, o regime fiscal reduzido e até mesmo os bancos de desenvolvimento que podem emprestar dinheiro aos investidores a longo prazo também afectam o investimento no país.

4.16 Regras aduaneiras e de imigração: Estes sectores determinam as condições em que os estrangeiros podem entrar e permanecer num país. Regras de imigração favoráveis incentivam a entrada num país e desencorajam fortemente o investimento.

4.17 . Falta de dados estatísticos: A falta de dados sobre a quantidade e qualidade dos minerais sólidos no país para continuar a habitar o investimento no sector, os parâmetros de quantidade e consulta são necessários para construir investidores capazes de virar a economia do estado.

4.18 Falta de capital de investimento: a exploração mineira é um projeto de capital intensivo que tem longos períodos de gestação. Muitos investidores dispostos a investir não conseguem angariar o enorme montante necessário para o investimento. Esta situação é agravada pela falta de bancos e de facilidades de crédito, o que faz com que o projeto tenha um longo período de gestação.

4.19 Propriedade de terras comunais: O sistema comunal de posse de terra na Nigéria dificulta a aquisição de terras para investimento. A propriedade individual da terra também dificulta a aquisição de terras.

4.20 Falta de instalações de fundição/transformação: A maioria dos minérios metálicos é vendida em bruto, com a consequente perda de receitas/valor. Por exemplo, o chumbo e o zinco também são vendidos como minério de exploração, que normalmente contém muitas impurezas. Estes produtos são concentrados, transformados e vendidos de novo aos países produtores a preços exorbitantes.

# Capítulo 5

MINERAIS SÓLIDOS E COMUNICAÇÃO

5 .0 Uma avaliação

Muitos estudiosos da comunicação definiram a comunicação como o ato de transmitir informações, ideias e atitudes de uma pessoa para outra. A comunicação também pode ser vista como a arte através da qual as informações são transmitidas de uma pessoa para outra ou outras no processo de interação. Para que a comunicação atinja o objetivo pretendido, tem de suscitar uma resposta aberta e encoberta por parte dos receptores (Nsude, 2004).

A comunicação é uma atividade, uma competência e uma arte que incorpora lições aprendidas num vasto espetro do conhecimento humano (Phil e Scott, 2012). Além disso, Megginson (2015) vê a comunicação como "o processo de transmissão de informação e compreensão de uma pessoa ou de um grupo para outra pessoa ou grupo". Explica ainda que, quando comunicamos, estamos a tentar estabelecer uma comunhão de pensamentos ou sentimentos com outros indivíduos.

Para Emejulu (2003), a comunicação é o processo interativo concebido para proporcionar aos participantes um ou mais dos seguintes valores: esclarecimento, educação, informação, aceitação, conhecimento, recreação, entretenimento e mudança. Por seu lado, Nworgu (2006) defende que a comunicação é o processo de criação e partilha de significado numa conversa informal, numa interação de grupo ou num discurso público.

Ozo (2001), no Journal of Public Relations Management, sublinhou que a comunicação só ocorre quando há troca de ideias, ou seja, quando aqueles que recebem as notícias, os factos e as opiniões têm a oportunidade de discutir as questões envolvidas e de reagir de forma significativa ou mesmo negativa.

Baran (2002) considera a comunicação como a transmissão de uma mensagem de uma fonte para um recetor. Isto implica que a comunicação ocorre quando uma fonte envia uma mensagem através de um meio para um recetor e a mensagem produz uma resposta.

Kenechukwu (2014), citando Emery, Ault e Agee (1969, p.13), define a comunicação como a arte de transmitir informações, ideias e atitudes de uma pessoa para outra. Explica ainda que a comunicação é um processo em que a informação é encerrada num pacote e é transmitida pelo emissor a um recetor através de um canal. O recetor descodifica então a mensagem e dá ao emissor um feedback. É necessário que todas as partes tenham uma área de comunicação comum.

Para compreender plenamente o conceito de comunicação, Lasswel (1948) em Kenechukwu (2014) postulou algumas questões:

Quem é a                     fonte

Diz o                        quê - a    mensagem

Através de que               canal - o   meio

A                            quem - o   destinatário

Com que efeito -             feedback

Okunna (1999), em Kenechukwu (2014, p.6), modificou o modelo de Lasswell acrescentando ruído ao processo de comunicação. O ruído é tudo o que interfere com a mensagem, constituindo uma barreira à comunicação efectiva.

A comunicação humana é um processo simples, mas por vezes complexo, através do qual os indivíduos trocam e partilham ideias, informações e várias formas de simbolismo no seu interior (comunicação intrapessoal), entre si (comunicação interpessoal), entre grupos (comunicação intergrupal) e entre uma fonte organizacional e centenas de milhares ou mesmo milhões de pessoas (comunicação de massas).

(Wilson, 2005, p. 157). A acrescentar ao nível de comunicação mencionado por Wilson, estão os meios de comunicação social, que são ferramentas baseadas na Internet que dão aos indivíduos a oportunidade de interagir na Internet.

A vida sem comunicação é um desastre, porque a comunicação está no centro de todas as actividades humanas. Para reforçar o que acabámos de dizer, durante a construção da Torre de Babel, Deus apercebeu-se da má intenção dos construtores e confundiu a sua língua de tal forma que ninguém ouvia a língua do outro. Houve confusão e o projeto terminou automaticamente. Assim, o objetivo básico da comunicação é informar, educar, entreter e provocar mudanças no comportamento do recetor (Megginson, 2015).

## 5.1 O papel da comunicação na sensibilização para os minerais sólidos na Nigéria

Considerando o papel crucial de todos os tipos de comunicação na existência humana, os autores defendem que deve ser adoptada uma abordagem multidimensional para a divulgação de informações sobre minerais sólidos na Nigéria, a fim de criar a sensibilização necessária. Essa sensibilização fará com que o mundo saiba que a Nigéria é abençoada com abundantes sectores de minerais sólidos, a maioria dos quais ainda não foi aproveitada. Além disso, a sensibilização criará amplas oportunidades de investimento em minerais sólidos, diversificando assim a economia em declínio da Nigéria.

Além disso, serão revelados os desafios que rodeiam a exploração de minerais sólidos, tais como as consequências das actividades dos mineiros de arsenal, os riscos ambientais, a falta de financiamento e a ausência de uma política viável em matéria de minerais sólidos.

De acordo com o acima exposto, espera-se que todos os níveis de comunicação desempenhem um papel significativo na sensibilização para os sectores dos minerais sólidos na Nigéria. Os autores analisam os seguintes níveis de comunicação, que incluem: comunicação intrapessoal, comunicação interpessoal, comunicação de grupo, comunicação de massas e meios de comunicação social.

i. Comunicação intrapessoal: a comunicação intrapessoal é o processo de comunicação no interior de um indivíduo (Beebe, Beebe e Redmond, 2011). Explica ainda que a forma como a sociedade comunica na nossa complexa vida quotidiana só pode ser compreendida depois de sermos capazes de compreender que a comunicação depende totalmente das nossas percepções particulares. A comunicação intrapessoal envolve uma pessoa. É frequentemente designada por "conversa interna". Wood (1997).

Não se pode comunicar eficazmente com o mundo exterior, a menos que a pessoa domine a arte de comunicar eficazmente consigo própria. Assim, a comunicação intrapessoal é uma condição prévia necessária para uma comunicação interpessoal eficaz. A conversa consigo próprio prepara, portanto, o terreno para uma boa comunicação.

(http//www.shareyouressays.com/1117641).

Kenechukwu (2004), citando Bittner, p. 8, define a comunicação intrapessoal como a comunicação que se processa no interior de um indivíduo e que envolve a mensagem que o indivíduo envia a si próprio.

Envolvemo-nos na comunicação intrapessoal quando falamos connosco próprios para desenvolver os nossos pensamentos e ideias. Ela precede a nossa fala e a nossa ação.

Uma vez que a comunicação intrapessoal articula a mensagem para outros níveis de comunicação, pode ajudar na divulgação de informações sobre os sectores de minerais sólidos na Nigéria. A ideia pode ser percebida pelo indivíduo, especialmente se essa pessoa identificou um depósito de minerais sólidos na sua terra ou na sua comunidade. A fase seguinte consistirá em informar o líder da comunidade e as partes interessadas que, por sua vez, divulgarão a informação aos sectores apropriados.

ii.   Comunicação interpessoal:

A comunicação interpessoal é uma comunicação cara a cara que pode ser verbal ou não verbal. A comunicação interpessoal não diz respeito apenas ao que é dito e ao que é recebido, mas também à forma como é dito, à linguagem corporal e à expressão facial utilizadas (http://wps.prehall.com/ca_ab_beebe intercom 4/48/12319/3153764.cw1-13156776/index.html)

Kenechukwu (2014), citando (Ezeukwu, 2000, p.12), refere-se à comunicação interpessoal como um processo de interação face a face e de troca de mensagens entre (o emissor e o recetor) duas ou mais pessoas, geralmente através dos seus sons vocais, órgãos sensoriais, expressão facial e movimentos corporais.

Os estudiosos da comunicação classificaram a comunicação interpessoal em comunicação diádica e comunicação de grupo. A comunicação diádica ocorre quando apenas duas pessoas estão envolvidas. A comunicação de grupo, por sua vez, é classificada em micro e macrogrupos de comunicação. O microgrupo envolve um pequeno número de pessoas, como nas reuniões de direção, enquanto o macrogrupo envolve um grande número de indivíduos, como numa cruzada religiosa.

Scott e Mitchell (1979, p. 193) referem que a comunicação interpessoal serve quatro objectivos básicos:

- Para influenciar os outros
- Para exprimir sentimentos e emoções
- Para fornecer, receber ou trocar informações
- Reforçar a estrutura formal de uma organização, como a utilização de um canal de comunicação formal.

Tendo em conta as características da comunicação interpessoal, a informação sobre os minerais sólidos pode ser divulgada através da comunicação cara a cara. Por exemplo, as pessoas podem partilhar as informações que obtêm dos meios de comunicação social (rádio, televisão, imprensa escrita) sobre minerais sólidos com amigos, vizinhos, partes interessadas, seminários, workshops através dos líderes comunitários.

A comunicação indígena, que possui as características da comunicação interpessoal, é também objeto de atenção por parte do autor. Nwabueze (2017) postula que os meios de comunicação tradicionais, agora referidos como meios de comunicação indígenas, são a extensão da cultura das pessoas que facilita a troca de ideias ou informações numa sociedade africana típica.

Esses meios de comunicação indígenas, segundo Nwabueze (2017), incluem gongos de madeira e de metal, flautas, tradição oral, utilização de símbolos como folhas verdes, tecido vermelho, ráfia e utilização de sinais, giz branco (nzu), entre outros. Além disso, considera que os meios de comunicação tradicionais ou indígenas continuam a ser meios de comunicação relevantes na sociedade africana contemporânea, apesar de não atingirem um grande público.

Nkala (1990), citando Ugboajah, afirma que a relevância dos meios de comunicação tradicionais ou autóctones não pode ser demasiado enfatizada no contexto tradicional africano. No entanto, o desafio que os decisores políticos e os especialistas em comunicação de hoje enfrentam em África seria a necessidade de compreender claramente quais os resultados que os meios de comunicação tradicionais podem alcançar para a mobilização e o desenvolvimento. De acordo com a observação de Ugboajah (Nwosu, 1990), é necessário que os comunicadores, investigadores e decisores políticos mudem a sua atitude em relação a estes meios de comunicação. Segundo ele, "trata-se mais de expandir a nossa compreensão das suas funções, natureza, conteúdo e utilizações e talvez de criar um vocabulário técnico normalizado para descrever as suas várias formas nas nossas várias comunidades". Precisamos também de melhorar os níveis de armazenamento de mensagens, recuperação e replicabilidade entre estas formas de media. Também é necessário que encontremos formas e meios de desmistificar e integrar estas formas de media para fins de desenvolvimento".

Embora os meios de comunicação indígenas não tenham sido totalmente desenvolvidos devido à negligência dos nossos líderes, eles ainda podem ser usados para comunicar informações sobre minerais sólidos. Por exemplo, o homem do gongo pode divulgar informações utilizando o seu gongo de metal para convidar os habitantes das zonas rurais para uma reunião para discutir com investidores sobre minerais sólidos. Também podem ser divulgadas informações sobre a necessidade de usar máscaras nos locais de mineração, como nas pedreiras, onde as mulheres, em particular, se expõem a sérios riscos à saúde. O gongo de metal e madeira também pode ser usado para convidar as pessoas a irem à praça da aldeia para discutir questões sobre minerais sólidos, como a forma como a comunidade beneficiará se os minerais sólidos forem aproveitados.

iii. Meios de comunicação social:

São instrumentos ou canais através dos quais as mensagens são comunicadas simultaneamente a um grande público estratificado e diversificado. Estes instrumentos incluem: rádio, televisão, jornal, revista, entre outros. Não há dúvida de que os meios de comunicação social são poderosos. Os meios de comunicação, embora não sejam interactivos por natureza devido à falta de feedback imediato, podem ser utilizados para divulgar informações sobre minerais sólidos através de diferentes programas, tais como

- Programas telefónicos na rádio e na televisão
- Painéis de discussão sobre rádio e televisão
- Colunas editoriais em jornais
- Comentário de notícias na rádio
- Publicidade na televisão e na rádio.

Os meios de comunicação social parecem geralmente ser um tráfego unidirecional porque não há feedback. No entanto, com o advento das novas tecnologias, as redes sociais vieram preencher essa lacuna na era digital.

Era digital

Esta é também designada por era da informação ou era das novas tecnologias, em que a Internet está no centro da comunicação. Muitos estudiosos postulam que a Internet é um conjunto de redes informáticas que ligam milhões de computadores em todo o mundo. A informação na Internet move-se a uma velocidade tremenda. O foco deste trabalho são os media sociais.

Redes sociais: As redes sociais são formas de comunicação eletrónica que facilitam a interação com base em interesses e características. Os meios de comunicação social incluem tecnologias baseadas na Web e em dispositivos móveis para transformar a comunicação em interação entre indivíduos, comunidades e organizações (Acholonu, 2013) citado em Nsude (2017).

Para Kaplan e Michael (2010) em Nsude (2017), as redes sociais são "um grupo de aplicações baseadas na Internet que se baseiam nos fundamentos ideológicos e tecnológicos da Web 2.0 e que permitem a criação e o intercâmbio de conteúdos gerados pelos utilizadores". As ferramentas são sociais porque são criadas de forma a permitir que os utilizadores partilhem e comuniquem uns com os outros. As redes sociais são uma fração da Internet, pelo que não devem ser utilizadas indistintamente com a Internet.

Na sua explicação, Nwabueze (2013) afirma que as redes sociais surgiram com o advento da Internet, embora nem todos os sítios Web sejam interactivos por natureza. Os meios de comunicação social são meios interactivos em que os utilizadores (receptores) envolvem o iniciador da mensagem numa discussão. Nwabueze (2013) afirma ainda que alguns meios de comunicação social nativos ou tradicionais têm algumas características dos meios de comunicação social por serem interactivos. Esses canais nativos ou tradicionais incluem: classes etárias, reuniões de mulheres em agosto, uniões de cidades, reuniões de parentes, sociedades secretas, clubes sociais, entre outros. Amana e Attah (2014) afirmam que o grau de penetração dos meios de comunicação social nos cantos e recantos da sociedade e a velocidade da sua difusão são, no mínimo, surpreendentes.

As informações são divulgadas através dos meios de comunicação social, utilizando plataformas como blogues, Whatsapp, Twitter, YouTube, Facebook e muitas outras. Assim, a sensibilização para os minerais sólidos pode ser feita através das redes sociais. Uma vez que as redes sociais são interactivas, os receptores podem responder ou reagir a essas mensagens instantaneamente.

5.2 Criação de consciência e sector dos minerais sólidos

Há um ditado popular que diz que tudo o que não é conhecido não existe, daí a importância da consciencialização. Sensibilizar significa dar a conhecer às pessoas certas que a informação ou o serviço existe e está disponível. A sensibilização é o estado ou a condição de estar atento, ter conhecimento e consciência. Por exemplo, o objetivo da campanha de informação é sensibilizar para os depósitos de minerais sólidos na Nigéria.

A sensibilização para a questão dos minerais sólidos permitirá alcançar os seguintes objectivos

- Conhecer os depósitos de minerais sólidos na Nigéria e no mundo.

- Prevenir práticas nocivas no aproveitamento de minerais sólidos que possam levar à perda de vidas.

- Adotar métodos de boas práticas na exploração de minerais sólidos

- Saber que os minerais sólidos podem ajudar a revitalizar a economia em declínio da Nigéria

- Atrair investidores para os sectores dos minerais sólidos

- Saber o que o governo fez até agora no que diz respeito à implementação da política de minerais sólidos e o seu interesse em melhorar os sectores dos minerais sólidos.

- Desafios enfrentados pelo sector dos minerais sólidos e o caminho a seguir.

# CONCLUSÃO E VIA A SEGUIR

6.0 Conclusão

Os minerais sólidos são substâncias inorgânicas que têm uma composição química definida e certas propriedades físicas que são utilizadas para aplicações domésticas e industriais. Os minerais sólidos são de diversos tipos, tais como metálicos, não metálicos/industriais; energia/matérias-primas minerais, etc. Ocorrem em vários países do mundo; tanto nas regiões drásticas e niteráticas que estão cobertas de gelo, como nas profundezas dos oceanos do mundo.

A exploração, o aproveitamento e a utilização desta matéria-prima mineral estão normalmente associados a certos problemas, alguns dos quais são gerais e outros são específicos de vários países. São feitas recomendações sobre a forma de ultrapassar estes problemas e de assegurar a exploração e o aproveitamento dos minerais, discutindo os próprios problemas e a forma de os ultrapassar.

## 6.1   O caminho a seguir

Os minerais sólidos desempenham um papel muito importante na vida da humanidade através do fornecimento de materiais para a fonte de rendimento doméstico e industrial, ornamentação, criação de emprego, urbanização de zonas rurais, melhoria do bem-estar socioeconómico da humanidade e outros papéis demasiado numerosos para serem mencionados.

A investigação científica e tecnológica deve ser intensificada para desenvolver equipamentos que facilitem o aproveitamento de minerais sólidos em zonas impenetráveis como a região nítrica e a região intertie, onde os minerais estão cobertos pelo permafrost, e o aproveitamento de minerais das profundezas do oceano. A promoção da cooperação mútua entre os países do mundo e de políticas realistas proporcionará uma boa plataforma para os investidores, reforçando assim a nossa economia externa em declínio.

A criação de bancos de desenvolvimento por todas as nações, e mesmo a disponibilização de fundos pelas nações desenvolvidas aos países em vias de desenvolvimento para efectuarem inquéritos sobre os seus depósitos minerais, proporcionará um banco de dados sobre esses minerais e, por sua vez, aumentará o investimento. A situação atual é que muitos países avançados exploram os países em desenvolvimento comprando os seus produtos minerais, normalmente em bruto ou a preços muito baixos, transformando-os e depois vendendo os mesmos produtos a esses países a preços exorbitantes.

A tolerância e a sensibilização dos governantes para as questões religiosas e culturais dos seus súbditos contribuirão também para aumentar a harmonia entre os países e para aumentar o potencial de investimento, bem como para reduzir as disputas e as interrupções entre os jovens.

Instituições como o Banco Mundial e outros organismos internacionais devem disponibilizar fundos e efetuar um controlo anual dos mesmos, a fim de garantir que os países necessitados disponham dos requisitos financeiros e de equipamento necessários para investir na exploração e na extração mineira.

Diz-se que a informação é poder e que algo que não é ouvido não existe. Assim, a sensibilização para os minerais sólidos deve ser criada e mantida através dos meios de comunicação social nesta era digital. Essas informações devem ser publicadas nas redes sociais, que são interactivas para os profissionais dos sectores dos minerais sólidos ou dos ministérios, para os jornalistas em particular, para os jornalistas cidadãos, para os indivíduos interessados e para a sociedade em geral. Só quando for criada uma consciencialização adequada sobre os minerais sólidos é que os investidores estrangeiros podem ser atraídos, impulsionando assim a nossa economia em declínio.

# REFERÊNCIAS

Amana e Attah (2014). *Os media sociais e os desafios da segurança: The Relationship between Security Messages, Believability and Social Harm. In Ndolo e Udeze (eds.) International Journal of Media, Security and Development (IJMSD)*. Enugu: Rhyce Kerex Publishers

*Manual da Atlas Copco*. Quarta edição

Baran, S. J. (2002). *Introdução à Comunicação de Massa: Mass Literacy and Culture (2ⁿᵈ Edition)*. Boston: Mcgraw Hill Higher Education.

Bello, S. (2003). *Comunicar a luta contra a malária através da rádio*. Journal of Media And Aesthetics, Edição Especial, pp. 228 - 240

Chattam House (2012). Conflict Minerals: The Search for a Wormative Framework. *Documento do Programa de Direito Internacional LPP 2012/01*

Emejulu, O (2013). *A comunicação e o desenvolvimento das crianças. Em Uwakwe, O (eds.). comunicação e desenvolvimento nacional.* Onitsha: África - Link Books

Ezemony Watch. (2012). *Produção mineira mundial.*

Gus Lubin. (2010). *Esqueça o petróleo: 15 países sentados numa fortuna de metais e minerais.* 26 de abril de 2010.

Comité Internacional de Organização do Congresso Mundial de Mineração. (2015). *Dados mineiros mundiais, produção de minerais.* Vol.30 ,Viena.

Investment Potentials and Tourism Attraction in Ebonyi State and Natural Resources Base for Raw Materials (Potenciais de Investimento e Atração Turística no Estado de Ebonyi e Base de Recursos Naturais para Matérias-Primas). *Relatório do Conselho de Investigação e Desenvolvimento de Matérias-Primas. (RMRDC) Relatório.*

Kaplan A e Haen, M. (2010) in Nsude, I (2017). Social Media and Security in Nigeria: The Way Forward. *Um documento apresentado na Conferência Interdisciplinar organizada pelos Estudos Psicológicos e*

*Sociológicos, Universidade Estatal de Ebonyi, Abakaliki, Nigéria. 20$^{th}$ - 22$^{nd}$ junho, 2017.*

Kazurgu, D. (2017). *Superando as barreiras da mineração em África: A Estrela, Quénia.* Daily Trust: 23 de junho de 2017.

Kenechukwu, S.(2014). *Comunicação de massa. Uma introdução à sociologia dos meios de comunicação social.* Nnewi: Cathcom Press

Megginson (2015). *Mastermasscommunication blogspot.com/2012/...def- comunicação-elaborada-html).*

Exploração mineira, ambiente e desenvolvimento. *A Series of Papers prepared for the United Nations Conference on Trade and Development (UNCTAD.)*

Ministério das Minas e do Desenvolvimento do Aço. *Projeto de Gestão Sustentável dos Recursos Minerais, Avaliação Ambiental e Social Sectorial.*

*Leis nigerianas sobre minerais e minas.* 2007

Nsude I. (2004). *Gender Issues and Family Conflict Management; The Role of Communications (Questões de Género e Gestão de Conflitos Familiares; O Papel das Comunicações). Em Nwosu e Wilson (eds) Communication, Media and Conflict Management In Nigeria.* Enugu: Prime Target Publishers.

Nwabueze, C., Obasi A., e Obi P. (2013). *Social Media, Native Media e Desenvolvimento do Empreendedorismo Social na Nigéria.* EBSU Journal of Mass Communication, Vol. I, março de 2013 p.34.

Nwabueze, C. (2017). *Sinergização dos meios de comunicação tradicionais e modernos para a comunicação do desenvolvimento sustentável em África, em Nsude e Nwosu (eds.) Trado-Modern Communication Systems - Interfaces and Dimensions.* Enugu: Ryce Kerex: Publishers

Nworgu, K. O. (2006). *Técnicas e competências de comunicação em campanhas de esclarecimento sobre saúde pública nas áreas locais: A Critical Appraisal In Okoro (ed.), International Journal of Communication, Communication Studies Forum (CSF).* Departamento de Comunicação de Massa, Faculdade de Letras, Universidade da Nigéria, Nsukka. Enugu: Nigéria

Okpako, J. (2013). *Compreender os meios de comunicação tradicionais e o sistema de comunicação africano. Enugu:* Dumaco Ventures

Ozo, C. (2001). *Conhecimento, Atitude, Prática e Comportamento (KAPB). Studies in Public Relations from Community Development in Journal of Public Relations Management.* Enugu: Skinno Production.

Phil. V. e Scott. M (2012). *Uma introdução à comunicação em grupo.*
V.O.O. http://2012books.lardbucket.org

Jornal The Guardian. (2005). *Promoting Wealth and Peace through Solid Minerals Development (Promover a riqueza e a paz através do desenvolvimento de minerais sólidos).* 24th outubro, 2005

The Guardian. (2016). *Minerais sólidos na Nigéria: uma visão geral (1).* 2nd março, 2016

*Gabinete de Minas dos EUA e Serviço Geológico dos EUA.* 1980,p 5

Wood, J. (1997). *Communication in Our Lives.* Boston, M A: Wadsworth, P.22. Donna Vocate's Vocata D, (Ed).

Wikipédia, a enciclopédia livre. (2015). *Listas de países por produção mineral.* 27 de outubro de 2015.

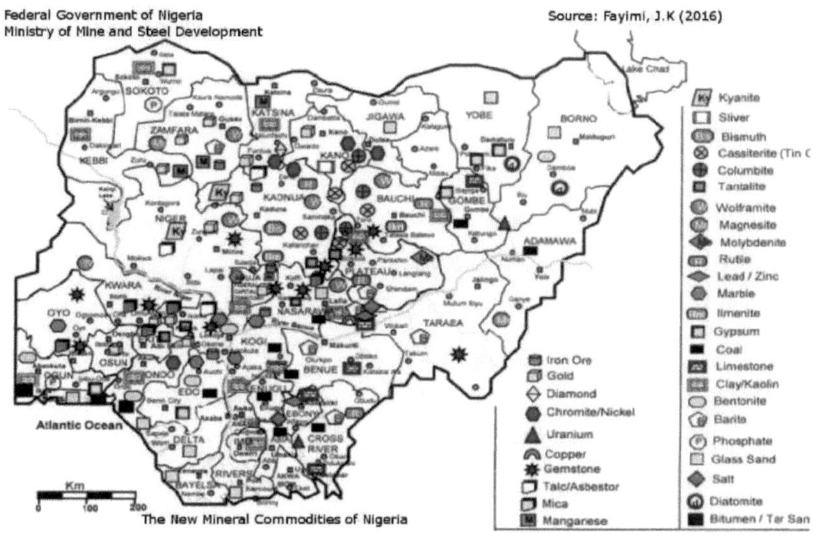



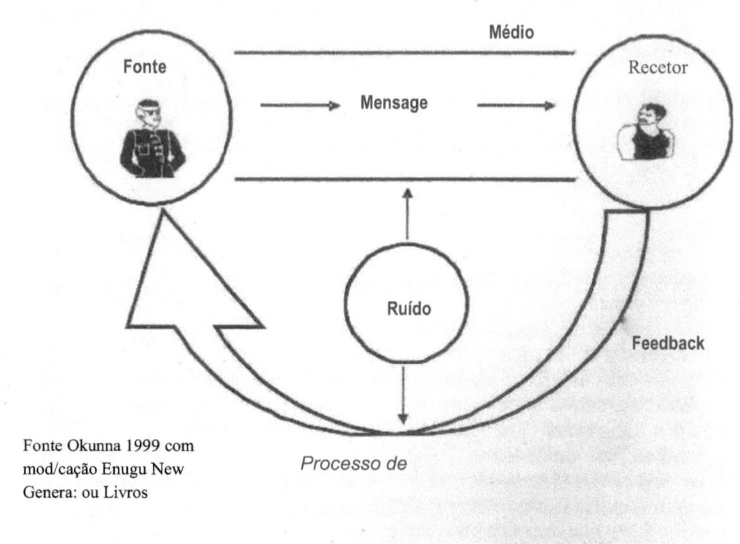



Fonte Okunna 1999 com
mod/cação Enugu New
Genera: ou Livros

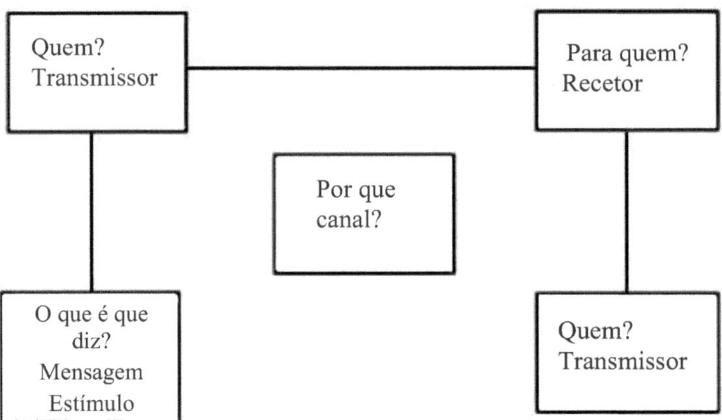


Modelo Lasswelliano de Comunicação

Fonte: Buhler (1982)

Londres: Pitman Publishing Pty Ltd

# I want morebooks!

Buy your books fast and straightforward online - at one of world's fastest growing online book stores! Environmentally sound due to Print-on-Demand technologies.

Buy your books online at
**www.morebooks.shop**

Compre os seus livros mais rápido e diretamente na internet, em uma das livrarias on-line com o maior crescimento no mundo! Produção que protege o meio ambiente através das tecnologias de impressão sob demanda.

Compre os seus livros on-line em
**www.morebooks.shop**

Printed by Books on Demand GmbH, Norderstedt / Germany